SER TÃO CIÊNCIAS

CIÊNCIAS PARA ENTENDER A MAGIA DA REALIDADE E DA VIDA COTIDIANA!

Catalogação na Fonte
Elaborado por: Josefina A. S. Guedes
Bibliotecária CRB 9/870

C837s
2023

Costa, Antonio Manoel Pereira V. N.
Ser tão ciências : ciências para entender a magia da realidade e da vida cotidiana! / Antonio Manoel Pereira V. N. Costa. – 1. ed. – Curitiba : Appris, 2023.
58 p. ; 21 cm.

Inclui referências
ISBN 978-65-250-4877-2

1. Ciência. 2. Vida. I. Título.

CDD – 500

Appris editora

Editora e Livraria Appris Ltda.
Av. Manoel Ribas, 2265 – Mercês
Curitiba/PR – CEP: 80810-002
Tel. (41) 3156 - 4731
www.editoraappris.com.br

Printed in Brazil
Impresso no Brasil

Antonio Manoel Pereira V. N. Costa

SER TÃO CIÊNCIAS

CIÊNCIAS PARA ENTENDER A MAGIA DA REALIDADE E DA VIDA COTIDIANA!

FICHA TÉCNICA

Este livro é dedicado a todas as pessoas que teimam em ser velas dos conhecimentos científicos, iluminando a humanidade nestes tempos de obscurantismo, pseudociências e negacionismo da Ciência.

AGRADECIMENTOS

Quero agradecer, aqui, às pessoas que na arte da conversa – seja nos diálogos sérios ou bobos, mas sempre recheados de muitos conhecimentos – contribuíram, mesmo que indiretamente, com ideias e pensamentos que me levaram a construir este livro, a exemplo de Bruno Jardim, Jimmy Brito, Edson Barreto, Márcia Moura, Henrique Brandão, Karolina Mirella, Alan Alves Brito, Fabrício Simões, Thales Vilar (aloww, Bacurau FM).

Agradeço também a Vera, Paulo, Iran, Carlos, Marildo, Verena, Eduardo (Dudu) e Nazareno, que me ajudaram a subir em ombros de gigantes para, assim, enxergar mais longe, a partir do momento que comecei a cursar o Mestrado Profissional em Astronomia, na Universidade Estadual de Feira de Santana.

Também aqui rendo homenagens aos professores Jonei Cerqueira e Olival Freire, que possuem a sutil arte de questionar o que não se pensa em ser questionado, com olhar aguçado, mas de maneira leve e certeira.

Meu agradecimento mais que especial vai para o Instituto Serrapilheira e todos e todas que trabalham ou fazem a comunicação e divulgação científica em nosso país. Aqui não escreverei nomes, pois cito-os no decorrer de alguns dos meus textos.

A vocês, dedico todas as homenagens e reconhecimentos que possam existir.

MUITO, MAS MUITO OBRIGADO MESMO!

PREFÁCIO

A obra *Ser Tão Ciências* é um convite para um passeio pelos caminhos da Ciência, com leveza e simplicidade. Abordando temas diversos e presentes em nosso cotidiano, o autor Antonio Manoel Pereira V. N. Costa nos conduz a reflexões e saberes científicos importantes e à superação do senso comum, que são movimentos fundamentais a um estado de consciência crítica e a uma condição cidadã libertária.

Constituída por um conjunto de textos em linguagem simples e concisa, sem prescindir da natureza científica, esta obra configura-se em dispositivo potente na difusão do conhecimento científico, no combate massivo ao movimento negacionista da Ciência, às fake news, aos /às influenciadores/as de plantão, que usam a pseudociência como meio de enriquecimento, à custa da ingenuidade dos internautas, assim como opõe-se às falsas crenças, ao conhecimento preconceituoso e tudo quanto ofusca a visão e cauteriza a mente dos/as cidadãos/ãs, impedindo a reflexão e o pensamento científico.

Ao longo da produção, observo como o autor nos conduz a uma pedagogia essencial do pensar científico e crítico: à pedagogia da pergunta, a qual nos remete ao grande educador brasileiro Paulo Freire. Perguntar e duvidar são verbos transitivos que devem fazer parte do nosso cotidiano, mas, sobretudo, da sala de aula, do espaço escolar, onde se traçam os caminhos da educação, cuja finalidade política maior é a transformação do homem e, por conseguinte, da sociedade e do mundo. Mais que uma produção literária com possibilidades educativas, a obra em epígrafe firma-se como uma opção política em defesa da Ciência, da veracidade e da fidedignidade do conhecimento, que possibilita aos sujeitos sociais assumirem a condição de intelectuais críticos e agentes de transformação epistemológica, histórica, social, política e cultural.

Em meio à obscuridade da caverna da ignorância e aos sombreamentos que restringem a percepção e compreensão da realidade, em pleno século XXI, *Ser Tão Ciências* irrompe como possibilidade democrática de acesso ao conhecimento científico. Que tal você, leitor, fazer sua própria escalada pelas páginas deste escrito, permitindo-se soltar as correntes do senso comum, dos achismos, das crenças e opiniões? Eis o meu convite como leitora!

Profa. Dra. Ana Verena Freitas Paim

Doutora em Educação pelo Programa de Pesquisa e Pós-Graduação em Educação da Faculdade de Educação da Universidade Federal da Bahia (UFBA); Coordenadora do Grupo de Estudos e Pesquisas em Currículo e Formação do Ser em Aprendizagens - FORMARSER - UEFS. Membro do Grupo de Pesquisa FORMACCE em Aberto - FACED/UFBA. Professora Titular lotada no Departamento de Educação da Universidade Estadual de Feira de Santana. Docente no Programa de Pós-graduação em Astronomia - Mestrado Profissional em Astronomia. Atuação nas áreas de Didática, Currículo, Formação Inicial e Continuada de Professores, Planejamento do Trabalho Pedagógico e Avaliação.

SUMÁRIO

E VOCÊ QUE USA 100% DE SUA CABEÇA ANIMAL?

Uma das ideias que ainda teima em ser propagada é a de que o "o ser humano usa somente 10% de suas funções cerebrais". Esse pensamento ganhou força aqui no Brasil, nos anos 70 do século passado, muito por conta de uma canção de um maluco beleza e roqueiro baiano!

O mesmo tema foi explorado pelo diretor Luc Besson, no filme *Lucy*, de 2014, estrelado pela atriz Scarlett Johansson, no qual a protagonista toma uma droga que é capaz de ampliar o uso da sua capacidade cerebral a níveis altíssimos, "acima dos 10% imaginados", dando-lhe poderes fantásticos, como o aprendizado instantâneo de qualquer idioma do mundo, a capacidade de viajar no tempo e a de fazer alterações em seu corpo, transformando-se em outras criaturas, além de conseguir controlar a matéria, o tempo e o espaço. De fato, ela deixa de ser humana e se torna uma semideusa à medida que seu potencial cerebral vai aumentando. Mas, claro, isso é ficção.

Esse conceito do uso limitado de nossa massa cinzenta aparece pela primeira vez no ano de 1908, no livro *As energias dos homens*, do psicólogo Willian James, no qual o autor afirmava que "usamos apenas uma pequena parte de nossos recursos mentais", porém, ele não delimitou porcentagem. Essa ideia dos 10% aparece somente no ano de 1936, com o livro *Como ganhar amigos e influenciar pessoas*, de Dale Carnegie.

Mas, graças às ciências, sabemos que nós, humanos, não somos limitados a usar somente os 10% de nosso cérebro e, sim, 100% de sua capacidade.

Imagine que você prende a circulação sanguínea de um de seus dedos da mão e assim fica por muito tempo. Ele iria necrosar e você teria, em algum momento, que amputar o dedo. Isso se aplicaria ao nosso cérebro se apenas uma parte dele fosse usada. Provavelmente, teríamos uma massa encefálica bem menor e, consequentemente, menos chances de termos evoluído como evoluímos.

Entretanto, para se ter um bom cérebro é necessário, sim, fazer exercícios, não somente físicos, mas também leituras, jogos e caça-palavras. Para além disso, é salutar você se desafiar a aprender a tocar algum instrumento, uma nova língua, tentar artes plásticas, fazer viagens e conhecer novas pessoas.

Nosso cérebro é uma máquina biológica fantástica. Permite ao ser humano conceber lindos poemas, mecanismos engenhosos, arquiteturas complexas e incontáveis formas de expressões que somente um intelecto com 100% de uso pode nos dar.

Cuide bem de você, cuide bem de seu cérebro!

UM, QUASE, SEGUNDO SOL

Uma das questões mais imaginadas por muitas pessoas entusiastas da astronomia e da ficção científica é: e se no nosso sistema solar houvesse um segundo Sol, uma segunda estrela? Como seria esse astro? Será que não teríamos noite? Quais seriam suas dimensões e os impactos sobre nosso planeta? Se já existisse um segundo Sol, poderíamos cantar: "quando o terceiro sol chegar...".

Essas questões poderiam ser respondidas, ou não, se o senhor dos planetas, Júpiter, tivesse com aquele um por cento a mais de massa, em verdade de 70 a 80 vezes a sua massa, e desse um *started* para ter virado uma estrela.

Phaethon para os gregos, *Marduk* para os babilônicos, e Júpiter para os romanos, o planeta sempre chamou atenção dos humanos por ser, dependendo do momento, o quarto objeto celestial mais brilhante no céu. Não à toa, é apelidado de senhor dos planetas.

Júpiter, na mitologia romana, equivale a Zeus, da mitologia grega. É o deus dos deuses, o senhor das luzes e do dia. Mas esse planeta tão carismático despertou mais interesse quando seus mistérios de outrora foram revelados e desnudados pelos astrônomos, chancelando sua majestade e esplendor.

O diâmetro de Júpiter é 11 vezes maior do que o do nosso planeta e dentro dele cabem, aproximadamente, 2.000 Terras. São suas dimensões colossais que o tornam uma espécie de "escudo protetor" do nosso planeta, devido às interações gravitacionais com cometas e asteroides que passeiam pelo nosso sistema e que podem colocar nossa casa em risco, atraindo-os para seu interior, como aconteceu com o cometa Shoemaker – Levy, em 1994, ou forçando-os a mudarem de rota.

Sua composição química é praticamente 71% de hidrogênio, 24% de hélio e 5% dos demais elementos. O nosso Sol, por exemplo, tem 73% de hidrogênio, 24% de hélio e os demais 3% são elementos pesados, como carbono, oxigênio, entre outros. Então, por muito pouco, mas por muito pouco mesmo, Júpiter não se tornou nosso segundo Sol.

Caso Júpiter tivesse "acendido", lá no passado da formação do sistema solar, teríamos uma estrela de brilho fraco, classificada pelos astrofísicos como anã marrom. À noite, sua claridade não seria maior que a da Lua cheia, o que nos daria uma estrela de brilho forte e bem distante.

Mas o que parece ser uma narração de ficção científica, com belas imagens sobre duas estrelas no céu, em verdade seria um desastre para nós, pois, como estrela, a força gravitacional de Júpiter iria interferir nos demais planetas do sistema, principalmente nos mais próximos a ele, como Marte e Saturno, gerando um colapso, o que provavelmente iria acabar com esses planetas, além de mexer na órbita da Terra, o que possivelmente faria com que não existisse vida em nosso lar.

Especulações à parte, o fato é que Júpiter é o planeta mais encantador de nosso sistema. Mesmo antes da invenção e uso dos telescópios, seu brilho forte sempre chamou a atenção. Desde o florescer da humanidade e dos seus primeiros registros fotográficos, temos sua beleza plástica e colorida.

Se não é um segundo Sol, com certeza Júpiter é a nossa majestade planetária, protetora de nossas vidas.

ESTRELAS, SORRISOS E ASTROFÍSICA

Um certo poeta escreveu que quando uma pessoa sorri, uma estrela pode surgir e quando a pessoa chora, a estrela pode deixar de existir. Essas palavras nos encantam e elevam nossos sentimentos para além da estratosfera de nossa imaginação.

Nosso poeta atrela sentimentos humanos ao nascer e ao crepúsculo deste ente cósmico tão admirado, que damos o nome de estrela.

Ele não erra, pois, assim como sorrisos e lágrimas podem brotar em nossas faces, as estrelas estão a todo momento surgindo e desaparecendo em todos os cantos deste nosso imenso, e quase infinito, universo.

À noite, quando não há a luz da Lua, estando em um lugar onde também não há o brilho de luzes artificiais, podemos observar quase 2.500 estrelas no céu. Claro que isso é apenas uma nesga em relação à quantidade de ásteres que existem em nossa galáxia, que chega à casa de 300 bilhões.

Mas saiba que há centenas de bilhões de galáxias e que cada uma delas abriga bilhões ou até mesmo trilhões dessas luzes encantadoras.

Não fugindo às regras cíclicas universais, as estrelas também nascem, vivem e morrem; assim como os animais, as plantas ou mesmo nós, humanos, porém, com uma escala de tempo muito, mas muito maior que o nosso tempo de vida sobre a Terra. Só para termos uma noção, nossa estrela já tem 4,5 bilhões de anos e estima-se que ainda brilhará por mais 4 ou 5 bilhões de anos. Ou seja, uma eternidade perto de quem só vive, no máximo, 100 anos.

As estrelas nascem a partir da aglomeração do elemento mais básico e abundante que existe no universo, o hidrogênio, que, estando numa grande nuvem, começa a ser envolvido pelo laço da gravidade, fazendo com que comece a se chocar com outros átomos de hidrogênio, gerando uma fusão nuclear, que libera muita energia e uma luz incandescente, que chamamos de fótons.

Se você quer imaginar como esse processo ocorre, pense que cada mão sua é um átomo de hidrogênio e choque uma contra a outra, aplaudindo. O som que sai desse choque equivale ao fóton. Sem massa, mas com brilho e energia.

Ainda com a fusão do hidrogênio, temos o nascimento do hélio, o segundo elemento mais farto no universo e, neste ponto, peço que você pare ligeiramente a leitura deste texto e procure uma tabela periódica. Observe a ordem crescente dos elementos químicos. Viu que na tabela o primeiro elemento é o hidrogênio; o segundo, hélio; o terceiro, lítio; o quarto, berílio, e assim por diante? Quase todos os elementos que estão na tabela periódica são "fabricados" no interior das estrelas, claro, dependendo das características dessa estrela, como temperatura, diâmetro e massa, o que também determina se sua existência será longa ou curta, além do tipo de fim que terá.

Uma estrela em seu fim pode explodir, pode inchar até perder sua casca ou mesmo colapsar em si e daí se tornar buraco negro. Não são finais melancólicos, mas, sim, transformações recheadas de belezas e mistérios ainda a serem descortinados pela astrofísica.

Sim, Poeta, neste exato momento, há alguma estrela nascendo, enquanto outra está se transformando, assim como sorrisos e lágrimas vão se metamorfoseando nas nossas faces ao longo de nossa breve existência neste pequeno planeta azul.

VOCÊ AMA O PASSADO E NÃO VÊ QUE O NOVO SEMPRE O SALVA?

Muitas e muitas vezes já me deparei com pessoas escrevendo ou falando, de modo bastante efusivo, as seguintes frases: "Antigamente é que era bom!" ou "Naquele tempo é que as coisas eram boas". Obviamente quem profere essas frases ou vive na nostalgia de seu passado ou simplesmente não tem noção do seu lugar na história do seu tempo presente.

Os avanços da Ciência e tecnologia nas áreas da Medicina, alimentação e das políticas públicas aplicadas ao bem-estar físico e social da população, desenvolvidas a partir do século XX, têm possibilitado aos seres humanos vidas longevas. Aqui no Brasil, atualmente, por exemplo, a expectativa de vida gira em torno dos 76 anos, segundo o Instituto Brasileiro de Geografia e Estatística (IBGE).

Para se ter uma ideia, nos primeiros assentamentos agrícolas, datados de quatro a cinco mil anos antes de Cristo, até o ano de 1910, a população mundial era da ordem de dois bilhões de pessoas e em menos de 110 anos, principalmente após a década de 1940, chegamos a contabilizar mais de 7,7 bilhões de humanos e estima-se que, até 2050, nosso planeta abrigará algo em torno de 10 bilhões de pessoas.

Então, não é difícil entender que o passado não é tão maravilhoso e que, dependendo do momento, sua expectativa de vida não passaria dos 40 anos, como era na Idade Média. No Brasil da década de 1930, a taxa de mortalidade infantil era de quase duzentas mortes para cada mil crianças nascidas, sendo que a maioria não chegava a completar um ano de vida, pois eram acometidas por doenças como sarampo, difteria, coqueluche, tétano, poliomielite ou rubéola, mas as vacinas e as campanhas pró-vacinação conseguiram diminuir esse índice, que hoje orbita em torno de 15 óbitos para cada mil nascimentos registrados.

Visitando um passado não muito longínquo, podemos perceber que não tínhamos as mesmas variações de alimentos a que temos acesso hoje, não só por conta dos altos índices de produtividade alimentícia da pecuária e da agricultura, seja ela familiar ou não, mas também pelo acesso que temos aos mais variados tipos de legumes, verduras, grãos, laticínios, carnes e derivados. Aqui no Brasil, durante quase uma década, a de 1980, ter alguns itens alimentícios era artigo de luxo, pois eram caros, raros e destinados a pouquíssimas pessoas.

Sobre nostalgia alimentícia, muitas pessoas que estão surfando na dieta do momento, a chamada "dieta do jejum intermitente", que basicamente consiste em passar horas sem se alimentar, alegam que "os homens pré-históricos, caçadores coletores, ficavam horas, ou dias, sem consumir qualquer tipo de nutriente e que por isso tinham melhor saúde". Pois quem brada esse tipo de saudosismo esquece ou não sabe que a perspectiva de vida dos humanos, nessa época, era menos de 25 anos.

Lembre-se de que, ao dar um passo à frente, você não estará mais no mesmo espaço, certificando que a vida, o mundo e a história são dinâmicos e elásticos, totalmente desprovidos de certezas e mesmismos. Claro que não podemos deixar de olhar o passado com certa nostalgia nem mesmo negar os acontecimentos ocorridos, mas é impossível tentar revivê-lo, visto que, parafraseando o cantor cearense, "o passado é uma ideia que não nos serve mais".

OLHE PRO CÉU, MEU AMOR!

Provavelmente, olhar o céu é uma das ações mais antigas praticadas pelo ser humano. Um ato simples, sim! Mas de muita importância para a evolução destes primatas falantes, que, com o passar dos séculos, iriam tomar conta do planeta e ultrapassar as barreiras da abóbada celeste para ter a certeza de que habitamos um planeta azulado e arredondado.

Foi observando as estrelas que os primeiros agricultores puderam fazer uma relação entre o momento certo de plantar e o de colher, estabelecendo, assim, uma conexão com as mudanças climáticas.

É com o florescer das primeiras civilizações, na região da Mesopotâmia, que a imaginação humana faz associações entre grupos de estrelas com animais e deuses, criando as primeiras constelações, sendo as principais as do zodíaco. Algumas dessas continuam com mesmo nome dado há mais de quatro mil anos, a exemplo das constelações de Escorpião e Gêmeos. São esses povos mesopotâmicos que fazem os primeiros registros, em tábuas de argila, dos fenômenos celestiais, como os eclipses da Lua, do Sol e de estrelas errantes que "caminhavam no céu", enquanto as demais se mantinham fixas. Mais tarde os gregos chamaram esses errantes de *planetés*, ou planetas. Uma das explicações plausíveis para nossa semana ser dividia em sete dias é justamente por conta da observação, a olho nu, de cinco planetas do nosso sistema solar, que eram venerados como deuses, do Sol e da Lua.

Claro, todos os povos em nosso planeta, em algum momento de sua história, praticaram a chamada "astronomia primitiva", também conhecida como Etnoastronomia.

Os egípcios, por exemplo, criaram o primeiro calendário solar, há mais de seis mil anos, com 365 dias, com base na relação entre a estrela Sirius e o momento em que o Sol começa a nascer. Os indígenas brasileiros identificavam suas constelações como Ema, Homem velho, Veado, Jabuti e já tinham noção de que o movimento das marés altas e baixas estava ligado com as fases Lua antes mesmo que os europeus, bem como o fenômeno da Pororoca, em que ocorre o encontro das águas do rio com as do mar, gerando ondas grandes e volumosas.

Mas, devido aos registros, são os gregos que mais se destacaram, entre as civilizações antigas, no que tange às observações do céu. Hiparco, astrônomo e filósofo, é o primeiro a catalogar as estrelas de acordo com seu brilho, o que chamou de magnitude, e a contar o número de estrelas, visíveis para sua região, algo em torno de 850. Não, de maneira alguma, cresceram verrugas nos dedos de Hiparco, como muitos ainda podem acreditar.

É o africano Erastóstenes, nascido na colônia grega de Cirene, localizado na atual Líbia, que realiza o primeiro cálculo da circunferência da Terra, há quase 2200 anos atrás, utilizando trigonometria muito básica, e sem o uso de calculadora, errando por uma diferença de fantásticos 1,4% do valor correto. Com certeza, um dos grandes feitos humanos.

Até o século final do século XVI, as observações do céu eram feitas apenas usando os olhos, a imaginação e, claro, muita intuição.

Mas, eis que um belo dia, no ano de 1609, um italiano, em posse de um aparelho chamado de "trompa holandesa" fez algo simples: o apontou para o céu noturno.

O italiano era Galileu Galilei, o aparelho seria, mais tarde, batizado de telescópio. Lembrando que, apesar de não o ter inventado, ele fez melhorias que possibilitaram observações de objetos distantes, com boa visibilidade e definição.

Esse ato simples de Galileu mostrou a ele que a Lua tinha crateras, que o planeta Júpiter era acompanhado de mais quatro luas, as quais ele batizou de Iô, Ganimedes, Calisto e Europa, que o Sol tinha manchas e que Saturno tinha dois satélites ou luas, como queiram chamar, que mais tarde mostrou ser os anéis que circundam o planeta.

É com Galileu Galilei que, a partir do século XVII, os astrônomos começaram a desenvolver instrumentos ópticos cada vez mais poderosos, que permitiram olhar mais longe no céu profundo, mostrando novos planetas, nebulosas, galáxias, estrelas dos mais variados tamanhos, brilhos e cores, além de mostrar que a Terra não é o centro do universo conhecido, não passando de um pálido ponto azul dentro do sistema solar.

Olhar para céu ainda encanta!

Faz a gente sonhar em ser astronautas, guerreiros em naves espaciais, viajantes intergalácticos ou com chegada de seres extraterrenos em espaçonaves fantásticas.

É olhando a abóbada celestial que a gente pergunta o motivo pelo qual umas estrelas possuem cores diferentes, umas cintilam e outras não. Por que o céu é azul? Qual a cor do Sol? O que são os eclipses? Será que estamos sós neste infinito universo? Poderemos habitar a Lua ou Marte? Como surgiram todos esses corpos celestiais? Tantos questionamentos por conta de um gesto tão simples.

Olhar para o céu é libertador se você, adulto, se permitir ver com o olhar de criança, que faz pedidos às "estrelas cadentes", que enxerga animais nas nuvens, igual a Kaká e sua turma, que vê seres mitológicos nas estrelas e que deseja explorar o desconhecido.

Então, convido você, leitor, a olhar mais para o céu e ver como ele sempre está lindo!

A ASTRONOMIA EM PALAVRAS PRESENTES EM NOSSO COTIDIANO

Olhar para o céu é algo que sempre encantou o ser humano, desde o momento de seu aparecimento até os dias atuais. E é olhando para o céu que a humanidade encontra meios para ter uma organização social, condições de prever os momentos de semear a terra e colher, trilhar caminhos ou navegar através dos mares sem se perder, fazer a contagem dos dias e das noites, criando a semana, meses, anos e, principalmente, deixar um legado que ainda é presente em nosso dia a dia, seja por meio de calendários, festejos ou mesmo nas palavras que usamos cuja origem está ligada às observações celestiais.

Vamos, aqui, nos debruçar sobre algumas palavras que têm, em sua origem, ligações com fenômenos ou corpos celestiais.

A palavra ***semana***, por exemplo, vem do latim ***septímana***, que significa sete manhãs. Mas, por que SETE MANHÃS? Qual o motivo de termos sete dias semanais e não quatro ou dez? Já pensou uma *decamana*, com pelo menos três ou quatro dias de descanso?

Sobre a semana ser de sete dias, há três explicações. Uma delas diz que os egípcios relacionavam o número de dias com as entrâncias que temos na nossa cabeça, ou seja, uma boca, dois olhos, um par de entradas no nariz e um par de ouvidos. Outra teoria é que a contagem ligada ao número sete estaria relacionada às fases lunares que ocorrem, aproximadamente, a cada sete dias.

No entanto, a explicação mais plausível é que os povos mesopotâmicos, especialmente os babilônicos, atribuíam um dia da semana a cada objeto móvel celeste visto a olho nu, sendo cinco planetas, a Lua e o Sol, que eles consideravam como entidades místicas, por isso, eles dedicariam cada manhã a uma delas, dando os nomes dos dias de *Shamash*, *Sin*, *Nergal*, *Nabû*, *Marduk*, *Ishtar* e *Nimurta*.

Reconhece algum deles? Provavelmente não, pois esses nomes foram adaptados pela cultura grega atribuindo-lhes as alcunhas de Hélios, Selene, Ares, Hermes, Zeus, Afrodite e Cronos. Porém, esses nomes dos deuses da mitologia grega foram romanizados, tornando-se, respectivamente, Sol, Lua, Marte, Mercúrio, Júpiter, Vênus e Saturno e é com imperador Constantino, no ano de 325, de nossa era comum (EC), durante o Concílio de Nicéia, que foi estabelecida a semana de sete dias para dar uma conotação mais ligada ao cristianismo, uma vez que a contagem semanal começaria a partir do *dies domini*, dia do Senhor, ou domingo, e terminaria no dia do *Shabbat,* dia de descanso para os judeus, que se tornou *sabbatum* e, depois, sábado. É bom frisar que os judeus passaram a adotar a semana de sete dias após a diáspora babilônica, ocorrida no século VI AEC, narrada no livro de Gênesis, da Torá, segundo o qual o mundo foi criado em seis dias, sendo o sétimo dia o de descanso do criador.

Na maioria dos países europeus, os nomes dos dias da semana ainda estão relacionados aos deuses romanos, salvo o domingo e o sábado. Entretanto, Portugal e, por tabela, o Brasil, devido ao colonialismo português, adotam termos diferentes, como já conhecemos, que são: segunda-feira, terça-feira, quarta-feira, quinta-feira e sexta-feira. E qual o motivo dessa mudança?

No século VI EC, o bispo da cidade de Braga, Martinho de Dume, considerava uma heresia que durante a semana santa os nomes dos dias ainda estivessem ligados aos deuses pagãos, como Júpiter, Vênus, Mercúrio e Marte, então, ele sugeriu que estes fossem trocados por *Feria secunda, Feria tertia, Feria quarta, Feria quinta, Feria sexta. Feria*, no latim, significa descanso (por isso temos e merecemos FÉRIAS) e, por tradição, durante os festejos da semana santa, o devoto deveria dedicar-se somente a rezar e a descansar.

As estrelas em nosso cotidiano

Além de abrilhantar e permitir que nossas noites sejam mais belas e iluminadas, as estrelas foram inspiração para a construção de palavras que estão presentes em nosso cotidiano, pois, no latim, temos os termos *SIDUS, ASTER* e *STELLA*.

Por serem muito supersticiosos, os romanos usavam as estrelas como conselheiras e, assim, ***considerar*** se uma decisão seria a favor deles ou não, já que palavra advém de junto (*con*, em latim) e estrela (*sidus*). De maneira análoga, tem-se ***desconsiderar***, que é a negativa da consideração.

Desejar também tem ligação com as estrelas, pois a palavra tem origem em *de sidere*, que significa "a partido dos astros" ou "aguardar pelo que as estrelas trarão".

Ainda da raiz latina *sidus* temos palavras como ***sideral***, ***siderurgia*** e ***siderose***. Mas siderurgia não tem a ver com ferro? Sim, porém, os primeiros contatos dos humanos com o ferro foi por meio dos meteoritos vindos do espaço e, por isso, os gregos deram o nome de *sidero*.

No âmbito da superstição, um ***desastre*** ocorre quando as estrelas não estão a seu favor. A palavra vem de *Dis* (que significa ruim, impróprio, mau) mais *aster* (estrela).

E é de *aster* que vêm as palavras ***astronomia*** e ***astrologia***, parecidas e de mesma raiz, mas com significados e atribuições distintas. Astronomia vem de *aster* mais *monos*, que se traduz do latim como forma, lei; enquanto astrologia é a soma de *aster* com *logos*, ou seja, o estudo das estrelas.

Temos também ***constelação*** de *con* (junto) e *stella* (estrelas juntas). Desde o florescimento das civilizações, as constelações são um conjunto de estrelas que representavam seres mitológicos, objetos ou animais. Inclusive o termo ***zodíaco*** tem origem no grego *zodiakos kyklos*, em que *zoon* significa animal, e *kyklos*, círculo, palavra atribuída às constelações com forma de animais que, no céu, fazem a mesma trajetória da Lua e do Sol.

Por fim, o ***asterisco*** é do latim *asteriscu* (pequena estrela, estrelinha), usado como sinal para observações textuais ou mesmo na composição de desenhos feitos com sinais, como o ponto ou parênteses (*.*).

Então, aqui termino meu texto, ***considerando*** e ***desejando*** que sua ***semana*** seja uma ***constelação*** de bons conhecimentos e que nenhum ***desastre*** possa se aproximar de você e sua família.

2020, O ANO DA CIÊNCIA

Para muitos, o título deste pequeno texto pode soar como uma piada; para outros, uma mentira, mas, observando bem, nunca se falou tanto em Ciência e sua importância quanto no atribulado ano de 2020.

Querendo ou não, muitos termos e nomes científicos popularizaram-se durante o ano pandêmico, inclusive a velha questão trazida dos bancos das escolas: "Para que ou em que vou usar isso?", que foi prontamente respondida e justificada. Quase todos os dias, lições de Matemática básica, Biologia, Física, Estatística, Português e História adentraram o nosso cotidiano por meio dos noticiários de televisões ou via redes sociais, como WhatsApp, Instagram ou YouTube.

Em primeiro lugar, a doença que começou a dar seus primeiros sinais em dezembro de 2019, na cidade de Wuhan, na China, precisava de uma nomenclatura científica e eis que foi batizada, em fevereiro de 2020, pela Organização Mundial da Saúde (OMS) de COVID-19, do termo inglês para *Corona Virus Disiese* ou, em bom português, Doença do Coronavírus. O 19 é por conta do ano de 2019.

Então, o termo pandemia, que antes era usado somente nos livros de Biologia ou nos filmes hollywoodianos, como *Contágio*, de 2011, torna-se tão real quanto obrigatório nas rodas de conversas e trocas de mensagens.

Mas, nos idos de março para abril, começaram a surgir remédios que prometiam, erroneamente, proteger os cidadãos contra o terrível vírus e, desta forma, palavras como Hidroxicloroquina, Cloroquina e Ivermectina se popularizaram. Mais uma vez, nomes que eram restritos a poucos passaram a ser ditos e escritos tanto por pessoas que acreditam, cegamente e sem embasamento científico, nos seus efeitos, quanto por aquelas que sabiamente não surfam na onda dos pseudocientistas e dos pseudomédicos das redes sociais.

Não somente palavras se popularizaram, mas também o uso de máscaras de proteção respiratórias em nosso cotidiano, até então restrito somente aos ambientes clínicos e hospitalares, passou a ser um item obrigatório nos protocolos de proteções diárias contra o novo vírus...

Assim como o uso de medicamentos deve ser pautado na Ciência, o uso das máscaras vai além de uma simples decisão de se proteger ou proteger o próximo de ser contagiado. É um comportamento baseado em estudos estatísticos que mostraram que entre duas pessoas sem máscara as chances de contágio são altíssimas; se apenas uma delas estiver usando, as chances diminuem e se as duas estiverem protegidas com máscaras, as chances de infeção são menores que 1,5%. Aliada ao uso da máscara, temos também a higienização das mãos e sua forma correta de lavar, por cerca de 2 minutos com água e sabão e, também, o uso do álcool em gel. De fato, uma festa de palavras que se popularizaram em nossa língua lusófona.

A população também teve que aprender a interpretar os gráficos sobre contágio e mortes causadas pela doença e compreender a necessidade do "achatamento" da curva de contágio, ou seja, a diminuição do número de pessoas infectadas, para evitar um colapso do sistema de saúde. Mas, como se "achata" essa curva? Seguindo as recomendações dos especialistas: com o isolamento ou distanciamento social, uso de máscaras e higiene constante das mãos e outras superfícies possivelmente contaminadas.

Porém, infelizmente, a maioria dos cidadãos não respeitam ou mesmo acreditam no que a História e a Estatística ensinam e, assim, o Brasil seguiu como um dos países com maior índice de contágio e morte pela covid-19.

Felizmente, contamos com o comprometimento e empenho dos verdadeiros cientistas, sejam médicos, biólogos ou pesquisadores, como Natália Pasternak, Átila Iamarino, Hugo Fernandes, Lucas Zanandres e, o mais conhecido dentre eles, Dr. Dráuzio Varella, que adentram quase diariamente nossas casas, seja via televisão ou mídia social, com informações seguras, científicas e numa linguagem acessível às pessoas que ainda tenham dúvidas sobre como funcionam os mecanismos do vírus, suas causas, efeitos e possíveis caminhos para uma vacina eficaz e segura.

O ano de 2020 passou deixando um rastro de dor, luto e de muito aprendizado científico. Mesmo aqueles que negam a Ciência, que a distorcem e a usam de modo errado, tiveram que se deparar com as verdades científicas impostas pela realidade e que mais cedo ou mais tarde não tardam em se fazer presentes em nosso cotidiano.

A CURA DE TODOS OS MALES EM UM COPO DE SUCO VERDE

Em algum momento de sua vida, nestes últimos 10 anos, você já se deparou com a expressão DETOX, muito usada para a venda de produtos alimentícios que prometem operar milagres, livrando-o de toxinas, emagrecendo seu "corpitcho" e até mesmo curando algumas doenças.

Uma maravilha do século XXI.

Você passa o final de semana, começando, às vezes, na quinta-feira, bebendo e comendo, exagerando, saturando seu corpo com álcool, tira-gostos, churrascos, feijoadas, moquecas, espetinhos, frituras, entre outras delícias, que só de falar já deixam a boca "lacrimejando" e, com tudo isso, o que é que vai resolver a saúde de seu corpo?

Claro, um delicioso copo de suco DETOX, que pode ser:

- Pepino, gengibre e limão;
- Couve, morango e água de coco;
- Tomate, alface e laranja;
- Limão, alface, gengibre, beterraba e couve.

E assim, como num passe de mágica, ops, num gole de suco, sua obesidade, suas taxas triglicérides e glicêmicas ficam normais para os padrões de um corpo saudável e feliz. Você segue sua linda vida de ilusões, curas fáceis e rápidas.

Legal! Mas a realidade é outra e você, por mais que tente se enganar, pode acabar sendo vítima de sua própria ignorância ou negar alguns conhecimentos básicos em Biologia.

Infelizmente, o ser humano sempre quer achar formas milagrosas e rápidas para manter uma vida saudável e duradoura.

Um pouco antes de surgir a dieta detox, lembro-me de muitas pessoas aderindo à dieta do limão, que tinha a seguinte receita: ao acordar, você toma um suco feito com um limão, no segundo dia, com dois e assim sucessivamente, até chegar a fazer um copo de suco com 20 limões. Essa "febre" levou muita gente a ter uma gastrite, quase beirando uma úlcera estomacal.

A expressão DETOX é uma corruptela do termo inglês *detoxification*, que, traduzindo, significa desintoxicação. Mas o que vai desintoxicar?

Bom, no final da primeira década do nosso século, começou a aparecer na mídia, em revistas e propagandas de televisão, produtos que prometiam limpar seu corpo de **toxinas** nocivas, que causavam doenças, como câncer, diabetes e até mesmo a obesidade.

Logo, logo, a expressão **produto detox** ganhou o mundo, ajudando muita gente a ganhar dinheiro com a venda desses produtos.

Quer ver um exemplo?

Basta ir ao supermercado e observar que uma caixa de suco de uva custa em trono de cinco reais, mas uma caixa de suco de uva DETOX chega a valer três vezes mais, ou seja, uns 15 reais.

Em uma experiência feita numa matéria do programa global Fantástico, levada ao ar em 2015, o repórter pega duas goiabadas e em uma delas coloca o selo com a palavra DETOX. Ao perguntar aos transeuntes qual dos dois eles escolheriam, a maioria absoluta optou pela goiabada com o selo DETOX e, ao serem questionados, a resposta foi: "Porque é detox" ou "Detox é orgânico".

Mas o que são as tão famigeradas toxinas que estão em nosso corpo, que só sucos e alimentos detox podem deter?

Toxinas são quaisquer substâncias que podem provocar intoxicações em nosso corpo. Pode ser o próprio ar que respiramos, a água e a cerveja que bebemos e, pasmem, até mesmo o segmento de legumes e verduras verdes pode acumular toxinas dos venenos dos agrotóxicos.

Infelizmente, devido ao analfabetismo científico de grande parte da população, o termo toxina entrou no imaginário e no vocabulário popular, sem que as pessoas questionem o que é e como age em seus corpos.

Todos os seres humanos possuem suas próprias máquinas de desintoxicação e elas são gratuitas, pois já vêm instaladas em nosso corpo desde o momento de nossa concepção.

Nossos detox são os rins, o intestino e, o mais eficiente de todos, o fígado. São esses três órgãos que vão filtrar o que pode ser bom e aproveitável para nosso corpo e o que será transformado em urina, fezes e descartado.

Então, se você não tem hábitos alimentares saudáveis, não faz exercícios físicos, bebe e fuma, independentemente de ser moderado ou não, como acha que esses órgãos vão funcionar?

Se você quer mesmo desintoxicar seu corpo, procure avaliar seus hábitos e costumes e beba água. Afinal, não tem líquido melhor para fazer os órgãos funcionarem, né não?

Procure fazer exercícios, você não tem a obrigação de ir a uma academia. Uma caminha diária de 10 minutos já vai lhe fazer um bem danado.

Não tenha medo disso, pois só lhe trará benefícios físicos e psicológicos.

Procure alguém que possua a formação e o conhecimento adequado para ajudá-lo nesta mudança.

INFORME-SE PARA NÃO SER ENGANADO E NÃO DEIXAR SEU DINHEIRO IR PELO RALO.

NASCIDO SOB O SIGNO DE ELEFANTE COM ASCENDENTE EM PINGUIM!

A Astrologia está presente em nosso cotidiano e imaginário popular há mais de quatro mil anos. Mais ainda em tempos de redes sociais, em que muitos usuários utilizam um dos doze signos do zodíaco como cartão de visita de seu caráter ou personalidade.

Duvida?

Dê uma olhadinha em alguns dos seus contatos no Instagram e você poderá ver: Maria, 21, canceriana; Matheus, 28 anos, leonino; Sandra, geminiana com ascendente em peixes.

Mas como é que Sandra, Matheus e Maria sabem que naquele momento, naquela data em que vieram ao mundo, um conjunto de corpos astrais vão reger suas vidas, suas decisões, seus amores, sorte e azar?

Para isso, temos que voltar mais de cinco mil anos em nossa história, numa região do planeta conhecida como Mesopotâmia, onde, hoje, estão países como Irã e Iraque. Nessa localidade, temos o despertar dos primeiros assentamentos agrícolas da humanidade que, mais tarde, vieram a se tornar civilizações e impérios, como os assírios, caldeus, sumérios e babilônios. Esses povos faziam observações do céu e notaram que o mesmo caminho, conhecido como eclíptica, que é percorrido pelo Sol e pela Lua, também é feito pelos planetas visíveis a olho nu e por grupos de estrelas, as constelações, que foram associadas a figuras de deuses, humanos e animais, como o caranguejo, o peixe, o touro, leão, escorpião, os grandes gêmeos, o pastor, o velho e o trapaceiro. Não por acaso, essas constelações foram batizadas de constelações zodiacal ou do zodíaco, que significa círculo de animais.

Os mesopotâmicos tiveram a noção de que o movimento desse zoológico celeste era cíclico e, assim, correlacionaram o aparecimento dos signos com as estações climáticas e com a época certa para semear, cultivar e colher. Mas essa associação também estava ligada às adivinhações, predições de maldições, sorte, fome, fartura, queda e ascensão de reis e seus reinados.

Com o refinamento das observações e já tendo a noção de movimento cíclico, os mesopotâmicos dividiram o céu em 12 pedaços, em que cada um correspondia a um ângulo de 30 graus, fechando um círculo no céu de 360 graus, no qual cada signo ficaria em média de 30 a 40 dias reinando na esfera celeste. É por isso que temos os 12 signos conhecidos. Mas a versão que chega até nossos dias tem origem na Grécia Antiga, por volta do século IV antes de Cristo. Os gregos adaptaram o zodíaco babilônico a sua realidade e a sua mitologia, renomeando alguns dos signos, batizando-os por Áries, Touro, Gêmeos, Câncer, Leão, Virgem, Libra, Escorpião, Sagitário, Capricórnio, Aquário e Peixes. Os helênicos criaram o termo horóscopo, que significa *hora do observador* ou do *nascimento*, ao associar a hora e o dia do nascimento do indivíduo com a posição da constelação zodiacal, premeditando seu destino, comportamento social, caráter, personalidade e, em alguns casos, até sua futura profissão, gerando, assim, os mapas astrais.

As práticas das adivinhações astrológicas ganham força no Império Romano, tendo os imperadores seus próprios astrólogos, auxiliando nas decisões de batalhas e invasões que tornaram Roma um dos maiores impérios do mundo e, por tabela, ajudaram a difundir pela Europa o conhecimento da Astrologia.

É de bom tom frisar que o mundo antigo não se resume à Europa, ao norte da África e ao Oriente Médio, pois os povos hindus, japoneses e mesmo os chineses também possuíam sua própria constelação zodiacal, tendo as mesmas funções tanto do uso para a agricultura quanto para predições. Inclusive, os anos no calendário chinês são divididos pelos seguintes signos: Rato, Boi, Tigre, Coelho, Dragão, Cobra, Cavalo, Cabra, Macaco, Galo, Cachorro e Porco, tradição mantida até hoje.

Com a queda do Império Romano ocidental, no século V, e com ascensão do cristianismo, a prática das adivinhações zodiacais diminuiu na Europa por quase toda a Idade Média, ou seja, cerca de 1400 anos, voltando aos círculos de estudos nos anos finais do século XVI de nossa era. Porém, foi só no final do século XIX e início do XX que a Astrologia se popularizou, principalmente no mundo ocidental, devido às publicações em jornais populares e mais tarde em programas de rádio e televisão.

Hoje, o mercado do ramo da Astrologia movimenta mais de dois bilhões de dólares ao redor do mundo, com a venda de produtos que vão de uma simples nota sobre o horóscopo em jornais até consultas a astrólogos renomados, que custam alguns milhares de reais.

MAS A ASTROLOGIA FUNCIONA?

A resposta é: NÃO!

Não, pois a Astrologia é uma pseudociência, ou seja, uma ciência falsa, sem embasamento científico nenhum. Para começar, as constelações, a Lua, o Sol e os planetas estão numa distância muito, mais muito longa de nós para exercer qualquer tipo de influência em nossos corpos, psique e cotidiano.

A nossa estrela mãe, por exemplo, está a uma distância de 150.000.000 de km (cento e cinquenta milhões de quilômetros) de nós. Será que o Sol, ao aparecer no céu, vai olhar para você e dizer: "Hum, hoje vou arrumar um amor para sua vida!"; "Ah, vou fazer você perder o emprego"; "Hoje, seu dia vai ser de transtornos, pois estou passando pelo signo de peixes e vou fritar e infernizar você com ele".

Infelizmente, Maria, Matheus e Sandra fazem parte de uma grande parcela da população que julga os demais seres humanos, assim como eles mesmos, pelos signos a que pertencem. Triste! Pois você, leitor, já deve ter visto a história de uma pessoa que não pôde alugar um apartamento porque era do signo de Libra, outra que não conseguiu uma vaga de emprego, pois na entrevista informou que era de Virgem e da mãe que adiou ou adiantou o parto, pondo sua vida e de sua criança em risco, para nascer sob o signo de Áries.

Não são estórias, são casos reais que você pode ver nos noticiários.

Acreditar em pseudociências é dar oportunidade para afiançar movimentos antivacinas, terraplanistas e de curas e tratamentos milagrosos usando produtos da linha detox.

Quando alguém me pergunta qual é meu signo respondo:

— Sou de Elefante com ascendente em Pinguim!

— Mas existem esses signos?

— Não, nenhum existe ou funciona, nem os da Astrologia.

Obs.: O que tem a ver o signo de Câncer com a doença?

Karkinos é a palavra de origem grega para caranguejo e esta foi usada por Hipócrates, conhecido como pai da Medicina, para descrever um tumor cheio de vasos sanguíneos, que lembrava um caranguejo com as patas abertas (MUKHERJEE, 2012).

VIDA: UM PROCESSO LONGO, LENTO E FINITO!

Você sabe quantos dias se passaram desde o momento que saiu de sua progenitora até o momento desta leitura?

Não?

Simples, é só você multiplicar sua idade por 365, que são os dias de nosso ano solar, e a cada quatro anos, acrescentar mais um. Exemplo: uma pessoa com 40 anos de idade. Temos 40 anos x 365 dias = 14.600 dias, mas temos que adicionar mais 10 nessa conta, devido aos anos bissextos. Ou seja, são 14.610 dias de existência neste planeta.

Para uma pessoa nessa idade, do momento que em que veio à luz até hoje, o planeta deu 14.610 voltas em torno de si e, nesse processo, este ser humano quadragenário aprendeu a andar, ver, comer, relacionar-se, sorrir, chorar, confiar, desconfiar, construir, destruir, viajar, odiar, perdoar, pensar, repensar, lidar com as perdas materiais e com seu próprio destino, que é morrer.

Veja que há um processo ao longo de sua existência. Afinal, vossa mercê não saiu do ventre materno já sabendo ler, falando, comendo pizzas ou com mais de um metro e vinte de altura. Não, você vai se desenvolvendo, aprendendo, fazendo escolhas que vão afetar sua vida de modo positivo ou negativo com o passar dos anos.

Claro que há fatores que vão além das escolhas do sujeito, como os aspectos sociais, econômicos e biológicos. Óbvio que uma pessoa nascida num país desenvolvido, com renda per capita justa, tem mais chances de chegar aos 29.220 dias do que alguém oriundo de uma terra natal com pouco desenvolvimento econômico-social. Entretanto, de nada adianta nascer em berço esplêndido, ser herdeiro de um império de bilhões, se tiver predisposição genética a doenças terminais.

De maneira análoga a nós, seres humanos, nosso amado planeta Terra também passou e ainda passa por processos na sua dinâmica geográfica e existencial. Porém, em muito mais tempo, algo em torno de 4,5 bilhões de anos.

Óbvio que contar os dias da Terra daria um número enorme, mas, graças a nossa imaginação, podemos conceber um calendário gregoriano-terrestre e encaixar nele o nascimento e evolução do nosso planeta até os dias de hoje. Para isso, cada mês desse nosso calendário de Tellus* teria 375 milhões de anos, um dia valeria 12 milhões e 500 mil anos e cada hora 521 mil dias, aproximadamente.

Assim, começando no dia primeiro de janeiro, nosso planeta é apenas um apanhando de poeira e rochas que vai se agrupando graças aos laços gravitacionais de nossa estrela, quase recém-nascida e que toma forma quase globular por volta do dia 25 de janeiro. Mas as primeiras formas de vida, unicelulares e bastante simples, só vão surgir nos fins do mês de setembro para outubro, com a Terra já tendo mais de 3,5 bilhões de anos. De outubro até dezembro, aparecem, em nosso planeta, seres das mais variáveis espécies. Dentre eles, se destacam os dinossauros em suas gigantescas proporções e que, de acordo com o nosso calendário imaginário, reinaram absolutos por quase cinco dias e meio, algo em torno de 66 milhões de anos. Com o desaparecimento dos dinossauros, uma nova espécie pôde florescer e evoluir sobre a superfície de Gaia. Os mamíferos!

Assim, o ser humano, sendo mais específico o *Homo Sapiens*, surge apenas nos últimos 40 minutos do dia 31 de dezembro, e somente por volta das 23h 59min e 00s civilizações, reinos, impérios, sociedade e evolução tecnológica despontam, fechando nossos dias atuais nos exatos 24h 00min e 00s.

Compreendendo que a vida é processo evolutivo, lento e demorado, podemos entender que nada aparece em um passe de mágica, num estalar de dedos ou numa simples ordem imperativa.

Ter o mínimo de conhecimento científico é se permitir captar a magia da realidade de quem somos, onde estamos e para qual lugar poderemos ir.

Em algum momento futuro da história, nossa espécie há de desaparecer, bem como nosso planeta há de ser engolido pelo nosso Sol, quando este também estiver em seus últimos instantes e começar a inchar.

Mas, até lá, proponho que possamos fazer desta nossa casa um lugar melhor, seguro e com condições de igualdade para todos que nela habitam.

*Tellus é nome romano para a deusa Gaia, de origem grega, que se refere à Mãe-Terra.

TUDO QUE ENXERGAMOS É PASSADO

Na Física, dividimos os corpos e objetos como sendo **luminosos**: que são aqueles que possuem luz própria, como o Sol, uma lâmpada acesa e o carvão em brasa; e **iluminados**, que, por sua vez, refletem a luz, a exemplo do ser humano, da Lua e de uma bela flor.

A nossa visão é uma lente receptora de energia radiante a que damos o nome popular de luz. Essa energia, ao chegar em nosso cérebro, é transformada em imagens de tudo ou de qualquer coisa que já enxergamos ou que poderemos ainda vislumbrar. Ou seja, para que você veja algo, até mesmo esta leitura que está sendo feita, a luz deve incidir sobre o objeto e refletir em seu globo ocular.

É simples entender.

Porém, a ação de a luz incidir, refletir e chegar até seus belos olhos leva um tempo e não é ato instantâneo. Claro que para curtas distâncias parece que sim. Mas não, não é mesmo.

O que é classificado como "luz visível" é uma onda eletromagnética e também partícula que viaja, no vácuo, à incrível velocidade de quase 300.000 km/s ou 1.080.000.000 km/h. Em seus postulados, que são a base do seu trabalho sobre a Relatividade, o físico Albert Einstein escreve que a *"A velocidade da luz no espaço vazio é a mesma em todos os sistemas de referência e é independente do movimento do corpo emissor"*. Ou seja, nada pode ser mais rápido que a velocidade da luz. Mesmo assim, temos que considerar dois fatores para nos aprofundar mais a respeito do título desta matéria. Um é o tempo e o outro é a distância. Vamos começar com o seguinte exemplo: a Lua está a uma distância média de 384.000 km de nós, então, a luz que ela reflete leva algo em torno de 1,26s. Bem rápido!

Porém, à medida que vamos pegando referências mais longínquas, mais a luz demora a chegar aqui. Nossa estrela mãe situa-se a meros 150 milhões de quilômetros daqui e se, num estalar de dedos, o Sol fosse apagado às 12:00'00" do dia, só iríamos notar esse feito às 12:08'22".

Na Astronomia, usamos alguns padrões para nos referirmos às distâncias. Um deles é o ano-luz, que é baseado numa ideia muito simples. Imagine a luz viajando em linha reta durante um ano – nosso ano solar.

Sabendo que distância é o resultado da multiplicação da velocidade pelo tempo (d = v × t), numa conta simples vamos ter d = 300.000 km/s × 31.536.000s, que vai dar o valor de 9.460.800.000.000 km ou, aproximadamente, **9,5 TRILHÕES DE KM.**

Não é à toa que existe a expressão "distâncias astronômicas", porque, de fato, em se tratando de universo, tudo é muito gigantesco. E graças a esses termos, podemos simplesmente anunciar que corpo celeste A ou B está a X anos-luz de nós e, por isso, a luz que sai ou é refletida por esses corpos leva algum tempo para chegar até aqui.

A estrela Antares é uma das mais visíveis no céu noturno, principalmente pelo seu brilho avermelhado, e está localizada no conjunto de estrelas que formam a constelação de Escorpião, a uma distância de aproximadamente de 600 anos-luz, ou seja, a luz dessa estrela, que chega, hoje, aqui na Terra, saiu da superfície da estrela quando o Brasil ainda nem tinha sido descoberto.

Então, podemos ir um pouco mais longe olhando para as irmãs **Mintaka, Alnilan e Aniltak**. Achou estranhos esses nomes? Pode ser, mas você as conhece e admira como "as três Marias". Uma delas, Alnilan, dista a quase 2.000 mil anos-luz e quando a luz que vemos dela começou a viajar em nossa direção, Roma era um poderoso império que dominava boa parte da Europa e norte da África.

Por essa razão que acreditamos que muitas estrelas que ainda hoje são "visíveis" provavelmente já não existem mais em seus locais de origem. Podemos dizer que vemos um céu de fantasmas? (Vou deixar vocês responderem a essa questão)

Por esses e outros exemplos que dizemos que tudo que vemos é passado. Sejam as estrelas, os planetas, a Lua, sua imagem no espelho ou mesmo a pessoa que você ama.

TERRÁQUEOS INVADEM MARTE

Julho de 2020, três missões espaciais – uma americana, uma cooperação dos Emirados Árabes com o Japão e, também, uma chinesa – foram lançadas em direção àquele que promete ser nosso próximo hábitat, Marte, o planeta vermelho!

O que explica essa coincidência de lançamentos no mês de Júlio César é o fato de que a cada dois anos e um mês, aproximadamente, Marte fica mais próximo do nosso planeta azulado, com apenas 57 milhões de quilômetros de distância, o que faz com que a viagem para lá dure apenas meros sete meses.

Por que não ir a Vênus, já que é o planeta com mais proximidade da Terra?

Uma das explicações é que a temperatura média é da ordem de 470°C, por causa do efeito estufa e de ter uma pressão atmosférica perto de ser nove vezes maior que a nossa, ou seja, praticamente inviável se pensar em futuras colonizações humanas em um planeta com tais características.

Mas voltemos nossas atenções ao planeta vermelho, que tem essa coloração graças ao excesso de dióxido de ferro em sua superfície.

Um dia em Marte tem aproximadamente 24 horas e 39 minutos e seu período de revolução em torno do Sol equivale a 687 dias terrenos, ou seja, um ano marciano vale quase dois da Terra.

Egípcios e babilônios já faziam registros sobre esta "estrela errante", mas foram os romanos que eternizaram a identificação do planeta com o nome de Marte, deus da guerra, pois sua cor avermelhada lembrava o sangue derramado nas guerras.

No início do século XX, o astrônomo americano Percival Lowell publicou dois livros, um chamado *Marte e seus canais*, de 1906, outro com o título de *Marte como morada da vida*, de 1908. Lowell, que tinha seu próprio observatório, defendia a ideia de que o planeta possuía uma rede de canais que se interligavam, como se fossem estradas, e que estes só podiam ter sido construídos por uma civilização muito avançada, mas que já não existia ou não habitava Marte. E, assim, se construiu o mito de que havia seres marcianos. Esse pensamento tomou conta do imaginário popular e perdura até hoje. Livros como *As crônicas marcianas* de Ray Bradbury e *O planeta vermelho* de Robert A. Heinlein divagam sobre canais que são navegados por máquinas voadoras, em cidades magníficas, e um povo próspero e detentor de tecnologias muito avançadas.

Mas, em 1965, uma sonda espacial batizada de Mariner 3 passou perto de Marte, registrando 22 imagens e mostrando que lá nem havia civilizações tampouco vias de navegação em sua superfície. Claro que os canais marcianos nada mais eram que a projeção dos vasos sanguíneos dos globos oculares do próprio Lowell, que eram visados no sistema de lentes do seu telescópio, como foi provado no ano de 2002 por um optometrista americano, Sherman Schultz.

Desde os anos 60 do século passado, são enviados satélites e sondas para fazer imagens e coletar dados do planeta vermelho. Com essas informações, sabemos que Marte possui o maior vulcão do sistema solar, batizado de Monte Olimpo, com seus 27 km de altura, mais de três vezes o tamanho de nossa maior montanha, que é o Monte Everest, com 8,8 km de altura; que a temperatura do planeta oscila entre menos 125°C no inverno e 22°C no verão e que num passado bem distante, algo em torno de três bilhões de anos atrás, já possuiu muita água em sua superfície, mas devido a sua atmosfera ser muito fina essa água foi se evaporando para o espaço, tornando o planeta seco e árido; que Marte é bombardeado por raios cósmicos, de alta energia, e que são perigosos para o ser humano, pois causam câncer (CA). No filme *Perdido em Marte*, o personagem, para se proteger desses raios, deveria morar em cavernas ou no subsolo do planeta e, assim, diminuir as chances de desenvolver algum tipo de CA.

Lugar muito inóspito, não? Porém, com tudo isso, Marte não deixa de despertar a vontade humana de explorar, de ir em busca do desconhecido e, com sua resiliência, habitar o que parece inabitável.

Anunciaram que até 2033 teríamos os primeiros terráqueos pisando em solo marciano. Se tudo der certo, daremos mais um pequeno passo na exploração espacial e um gigantesco salto para uma futura colonização em nosso encantador planeta vermelho chamado Marte.

PROFESSOR, PARA QUE OU ONDE VOU USAR ISSO?

Em quase 20 anos de profissão como docente, ensinando Física, em instituições públicas e em algumas particulares, sempre me deparei com a pergunta: "Professor, eu vou usar isso em que ou onde?".

Perguntinha que, muitas vezes, vem na tentativa de desqualificar um assunto ou conteúdo dado e, em outras, é pela genuína curiosidade humana.

Quando eu era estudante no chamado 1º grau, que ia da 5º à 8ª série, nos anos 80 do século passado, perguntar era quase uma ofensa e, por vezes, motivo de ser posto para fora da sala. Lembro que uma vez fui questionar um professor sobre um determinado assunto e de pronto recebi um "O senhor pergunta demais". Como bom e obediente aluno que era, me calei e, por muito tempo, fiquei sem fazer perguntas não só para esse professor como para outros. Ainda bem que esse quadro mudou quando eu fui cursar o 2º grau, ou ensino médio, na Escola Técnica Redentorista (Eter), em Campina Grande, estado da Paraíba. E, para minha alegria, questionar não era problema. Lá, os professores tinham a segurança de responder o que sabiam e a humildade de reconhecer quando não sabiam.

Ao ingressar no ensino superior, já estava decidido que seria professor. E assim fiz. Mas não queria ser como aqueles professores que não permitem serem questionados, ao contrário, sempre estimulei meus alunos e alunas a perguntarem sobre assuntos pertinentes aos conteúdos da matéria que ensino, Física e afins.

"Mas, professor, para que ou onde vou usar isso?".

Quando ensino dilatação térmica, que é o fenômeno físico decorrente do aumento das dimensões de um corpo, causado pelo aumento de temperatura, mostro que os conhecimentos sobre o assunto nos ajudam a compreender por que os fios nos postes são ligeiramente arqueados, os trilhos das estradas de ferro são separados, as pontes possuem separadores em sua estrutura, aparecem estrias ou mesmo o corpo feminino "incha" na época da menstruação. Ao contrário do dilatar, que é crescer, temos a contração térmica, que é encolhimento das dimensões de um corpo ou objeto, devido à diminuição da temperatura. Os homens conhecem bem esse fenômeno quando tomam banho frio.

Quando você observa um aparelho de ar-condicionado instalado próximo ao piso de um quarto, sala ou no vão de uma loja, uma pessoa tomando líquido gelado em copo de alumínio e talheres de metal para se servir de comida quente em restaurantes self-service, tenha certeza de que faltou conhecimento sobre o calor e suas formas de transmissão.

Sem as Leis de Newton não seria possível ir à Lua ou sequer entender que quando você nada, empurra a água em contato com seu corpo para trás, e esta lhe dá uma reação, impelindo você para a frente.

Graças às definições sobre energia potencial e cinética temos, em Paulo Afonso, cinco usinas hidroelétricas que aproveitam do potencial hídrico para transformar energia mecânica em elétrica, o mesmo acontecendo com os cata-ventos, mas usando o ar, que chamamos de energia eólica.

Já os fenômenos da ondulatória vão lhe explicar por que as estrelas bruxuleiam próximo ao horizonte e as mais afastadas não, ou compreender que o uso exagerado de fones de ouvido pode acelerar o processo de ensurdecimento.

Ao abordar o espectro de ondas eletromagnéticas, mostro as faixas de frequências que podemos ver e as que não podemos enxergar, mas que também usamos para transmitir sinais de rádio, de televisão, nos exames de raio-x e que as torres de transmissão de sinal de celular ou as de energia elétrica não causam câncer.

A escola ainda é e sempre será ambiente para se transmitir, adquirir, trocar, experimentar e construir conhecimentos.

Todas as matérias são importantes, o que torna os conteúdos pequenos tijolos, na formação da razão, do sentimento e da cognição, que possibilita a construção de um castelo, de um pequeno casebre ou mesmo ficar ao relento da vida. Sim, alunas e alunos, perguntem! Sempre questionem para o que ou onde você pode aplicar os assuntos abordados em sala.

O PREÇO DO NEGACIONISMO

Chegamos ao século XXI cheios de sonhos e expectativas a serem realizadas, graças aos avanços e desenvolvimentos tecnológicos da segunda metade do século XX, além de sermos alimentados por revistas em quadrinhos, livros, séries e filmes, mostrando um futuro próximo plausível de acontecer. Nessa trajetória, dos finais dos anos de 1940 para cá, tivemos a criação do computador, as corridas espaciais e suas benesses para nosso cotidiano, a invenção do telefone móvel, a popularização dos televisores, aparelhos medicinais que permitiram exames mais minuciosos e diagnósticos mais precisos, aumento na produção alimentícia e, talvez a mais impactante, a propagação da internet.

Mesmo com tudo isso, estamos já no primeiro quinto do século, sendo testemunhas de pensamentos arcaicos, retrógrados e medievais, capitaneados por grupos antivacina, antidemocracia, anticiências, que conseguiram se articular e chegar ao poder público, em suas diversas camadas, desde a municipal, passando pela estadual, até o cargo máximo da federação, usando quase as mesmas táticas operacionais que os nazifascistas usaram, para se instalarem no poder de suas respectivas nações.

O preço que a sociedade e a economia pagam por terem grupos negacionistas que propagam a desconstrução das ciências, da verdade e da distorção da realidade, é altíssimo.

Vejamos:

1. Segundo matéria na revista eletrônica *Piauí*, de fevereiro de 2020, foram registrados, no ano de 2018, 10 mil casos de sarampo e no ano de 2019, 16 mil casos; sendo que entre os anos de 2002 e 2017, o país registrou um total de 1.500 casos de

sarampo. Qual o fator que mais contribuiu para o aumento desses números? Grupos antivacinas!

2. O instituto Datafolha expôs uma pesquisa mostrando que cerca de 11 milhões de brasileiros acreditam que a Terra é plana. Esse grupo, chamado de terraplanista, formado em sua ampla maioria por pessoas com baixo nível escolar e também muito ligadas a seguimentos religiosos. costuma negar que o homem já foi à Lua ou sequer tenha ido ao espaço e que todas as imagens que temos no planeta, bem como as viagens espaciais, são montagens feitas pela Nasa. No que eles se apoiam para terem essa "certeza plena"? Na opinião que os próprios formulam, nos canais do YouTube, nos grupos de rede social, sem qualquer tipo de embasamento científico. Criando uma "ciência própria" que está acima da que é praticada há vários séculos, nas escolas e universidades do mundo.
3. Desde o começo da pandemia causada pela COVID-19, é dito e propagado que uma das formas de prevenir-se contra o vírus é higienizar as mãos, usando álcool gel ou álcool 70%. Mas eis que aparece um "químico autodidata" e fabricante de produtos de limpeza de fundo de quintal, nos grupos de WhatsApp, alardeando que a comunidade científica está errada. O correto, segundo ele, era usar vinagre para assear as mãos. Detalhe: o uso do vinagre pode causar queimaduras.
4. O presidente da república do Brasil, em um pronunciamento na data de 20 de março de 2020, classificou a pandemia que assola o país como uma "gripezinha", além de defender um remédio que, segundo ele, prevenia contra o coronavírus. Em julho de 2020, a "gripezinha" tinha ceifado a

vida de mais de 70 mil brasileiros e o tal composto milagroso foi comprovado como ineficaz, como mostravam os estudos divulgados por médicos e cientistas.

Vou usar apenas esses quatro exemplos para dar a noção de como o revisionismo e o negacionismo podem nos ser prejudiciais a médio e longo prazo.

O custo pago pelos países que entraram no regime nazifascista foi altíssimo, que culminou numa guerra que foi paga com a vida de milhões de pessoas em todo o mundo.

Aqui, vivemos outra guerra: a das falsas informações e da distorção do que é verdade, causando o caos e a morte de milhares de brasileiros.

Se Eric Hobsbawm chamou o século XX de "A era dos extremos", que título poderemos dar a essa centúria em que vivemos?

REFERÊNCIAS

VOCÊ AMA O PASSADO E NÃO VÊ QUE O NOVO SEMPRE O SALVA?

Sobre vacinas e avanços na medicina:

ORSI, C.; PASTERNAK, N. **Ciência no Cotidiano**: Viva a Razão. Abaixo a Ignorância! São Paulo: Editora Contexto, 2020.

Sobre mortalidade infantil:

https://censo2021.ibge.gov.br/ 2012-agencia-de-noticias/noticias/26103 -expectativa-de-vida-dos-brasileiros-aumenta -para--76-3-anos-em-2018.html

https://www.infoescola.com /saude/ mortalidade-infantil-no-brasil/

https://noticias.r7.com/saude/mortalidade-infantil-e-maior -no-norte-e-nordeste-e-menor-no-sul-30072018

Sobre jejum intermitente:

https://www.youtube.com/watch?v=-f7I-cJW1Do

Sobre o aumento da população mundial:

https://www.youtube.com/watch?v=IK10lqqzv1c

OLHE PRO CÉU, MEU AMOR!

MOURÃO, R. **O livro de ouro do universo.** 2. ed. Rio de Janeiro: HarperCollins Brasil, 2016.

https://cientistasfeministas.wordpress.com/2017/02/09/introducao-a-astronomia-indigena/#:~:text=Al%C3%A9m%20disso%2C%20a%20maioria%20dos,e%20as%20fases%20da%20Lua

https://pt.wikipedia.org/wiki/Calend%C3%A1rio_eg%C3%ADpcio#:~:text=O%20calend%C3%A1rio%20eg%C3%ADpcio%20%C3%A9%20considerado,em%20torno%20de%207000%20a.C.

http://www.if.ufrgs.br/~dpavani/FIS02008/AULAS/2011_1_ciclo2/Cartasecatalogosdoceu.pdf

https://en.wikipedia.org/wiki/Galileo_Galilei#Astronomy

A CURA DE TODOS OS MALES EM UM COPO DE SUCO VERDE

Fazer "detox" é uma calúnia contra o fígado!

https://www.revistaquestaodeciencia.com.br/index.php/questao-de-fato/2019/08/03/fazer-detox-e-uma-calunia-contra-o-figado

O mito do Detox

https://super.abril.com.br/saude/o-mito-do-detox/

Sobre toxinas

https://en.wikipedia.org/wiki/Toxin

Fantástico investiga a onda do detox e testa eficácia de dez produtos

http://g1.globo.com/fantastico/noticia/2015/07/fantastico-investiga-onda-do-detox-e-testa-eficacia-de-dez-produtos.html

NASCIDO SOB O SIGNO DE ELEFANTE COM ASCENDENTE EM PINGUIM!

FALCÃO, W. **A história da astrologia para quem tem pressa**. 1. ed. Rio de Janeiro: Valentina, 2019.

MUKHERJEE, S. **O imperador de todos os males**: uma biografia do câncer. São Paulo: Companhia das Letras, 2012.

https://espacoastrologico.com.br/2020/06/20/o-desenvolvimento-do-zodiaco-babilonico/

https://en.wikipedia.org/wiki/Horoscope

https://en.wikipedia.org/wiki/History_of_astrology

https://en.wikipedia.org/wiki/Astrology#Greece_and_Rome

https://en.wikipedia.org/wiki/Chinese_astrology

VIDA: UM PROCESSO LONGO, LENTO E FINITO!

DAWKINS, R. **A magia da realidade**. São Paulo: Companhia das Letras, 2012.

SAGAN, C. **Cosmos**. São Paulo: Companhia das Letras, 2017. **Série Cosmos** – 1980

Calendário Cósmico

https://pt.wikipedia.org/wiki/Calendário_cósmico.

TUDO QUE ENXERGAMOS É PASSADO

http://www.if.ufrgs.br/tex/fis01043/20022/Rod_Santiago/postulados.htm

https://pt.wikipedia.org/wiki/Antares

https://en.wikipedia.org/wiki/Orion%27s_Belt

TERRÁQUEOS INVADEM MARTE

MOURÃO, R. **O livro de ouro do universo.** 2. ed. Rio de Janeiro: HarperCollins Brasil, 2016.

SCHWARZA. **Do átomo ao buraco negro**: para descomplicar a astronomia. São Paulo: Editora Planeta do Brasil, 2018.

TYSON, N. D. **Morte no buraco negro**: e outros dilemas cósmicos. 1. ed. São Paulo: Editora Planeta do Brasil, 2016.

https://correionago.com.br/portal/os-raios-cosmicos-e-o-risco-da-radiacao-para-futuras-missoes-ao-palneta-marte/ acessado em 01/08/2020

https://pt.wikipedia.org/wiki/Marte_(planeta) acessado em 01/08/2020

https://pt.wikipedia.org/wiki/%C3%81gua_em_Marte acessado em 01/08/2020

O PREÇO DO NEGACIONISMO

https://piaui.folha.uol.com.br/mais-contagioso-que-o-coronavirus/

https://www.bbc.com/portuguese/brasil-49346963

https://gazetaweb.globo.com/portal/noticia/2020/02/_98558.php

https://noticias.uol.com.br/colunas/leonardo-sakamoto/2020/03/20/gripezinha-menosprezo-de-bolsonaro-por--coronavirus-o-tornou-cumplice.htm?aff_source=56d95533a8284936a374e3a6da3d7996